イネが実るまで

収穫前

よくわかる米の事典

米を育てる

1

監修：稲垣栄洋　　指導：谷本雄治

小峰書店

もくじ

第1巻 米を育てる

田起こしがはじまる
春の花がたくさんさくころ ……… 4

田植えの前に
代かきと苗づくり ……… 6

田植え
そろえて苗を植える ……… 10

イネの生長
イネが水田をおおう ……… 12

イネのからだのつくり
葉と茎と根の観察 ……… 14

イネが大きくなるしくみ
分げつの観察 ……… 16

水田の生き物さがし
水の中やあぜで ……… 18

水田の雑草
害になる雑草もいろいろ ……… 20

＊稲とイネ……作物としては「稲」、植物としては「イネ」と表記しました。

水田がかわいた
土もひびわれ …………………… 22

水田のしくみ
田と水のめぐり …………………… 24

穂がのびてきた
イネの出穂 …………………… 26

イネを守る
スズメや害虫がおそってくる …………………… 28

米がみのった
穂が黄金色に …………………… 30

さあ、イネ刈りだ
米の収穫と脱穀 …………………… 32

もみから玄米へ
もみがらをとる …………………… 34

また田が緑に
ひこばえが出る …………………… 38

冬から春へ
また春がくる …………………… 40

● もっとくわしく知りたい人へ …………………… 42
● 全巻さくいん …………………… 43

田起こしがはじまる

春の花がたくさんさくころ

米づくりは、水田の土をたがやすことからはじまります。この作業を「田起こし」といいます。あたたかい日を浴びて、田やあぜ、近くの畑に野草や野菜の花がたくさんさくころにおこないます。

ゲンゲ（レンゲソウ）

昔は秋に種をまいて田でつくり、土にまぜこんで、肥料として使われることがよくあった。

菜の花

昔はよく、なたね油をとるナタネ（アブラナ）を田でつくり、田起こしの前にとりいれた。

トラクターで田起こし

田の土をほりおこし、こまかくくだいていく。こうすることで土の中に空気が入り、イネがよく育つようになる。また、雑草(ざっそう)を土の中にうめこんで退治(たいじ)することもできる。

> 水田っていうけれど、田んぼに水がないね。

田に水を入れる

田起こしがおわったら、水田用の特別の水道から田に水を入れる。

そばの用水路から水を入れる水田もある。水を田にとりこむところを水口(みなくち)という。

水田に水を入れるパイプ。

> 水が入ると、水田らしくなるね。

5

田植えの前に
代かきと苗づくり

田に水を入れたら、次は「代かき」です。土と水をよくかきまぜて、どろどろにします。そのころ、別の場所で育てていた苗も、田に植えられるくらいに育っています。

代かき
水と土をかきまぜてから、平らにならす。昔は人の手でかきまぜ、そのあと平らにならしていたが、今は機械で一度におこなう。

「代」は昔、田の広さを表す単位のひとつだった。代かきの「代」は田んぼのことなんだよ。

田んぼの土は、平らにしておかないと、水の深いところと浅いところができて、イネの育ちかたがバラバラになってしまうんだって。

どろどろの泥だけれど、何日かたつと土が水にしずんで、苗を植えられるくらい土がかたくなるそうよ。

ビニールハウスで苗づくり

田植えに使うイネの苗は、ビニールハウスでつくられることが多い。次のようなよい点があるからだ。

❶ 水や温度を管理しやすい。
❷ まだ気温が低いときでも苗づくりができるので、田植えの準備が早くはじめられる。
❸ 病気や害虫の心配が少ない。

苗をつくっているビニールハウスの中 育苗箱というケースで苗をつくっている。こうした苗づくりの場所を「苗代」という。

芽生えた苗 育苗箱は長さ60cm、幅30cm、深さ3cmの浅い箱だ。そこに土を入れ、種もみをまくと、びっしりと苗が芽生えてくる。

種もみについては次のページを見てね。

育苗箱の下は網になっていて、水はけをよくしてあります。土がかわいてしまわないように、毎日、ホースで水をやりますよ。

苗を田に運ぶ 代かきをして数日後、育った苗を田に運んで、田植えをする。

あぜに土をぬる

あぜは水田を区切り、人が歩くこともできる細い道だ。代かきの前に、土をぬりつけてかためておく。こうすることで水田の水がもれなくなる。

人が鍬を使って、あぜぬりをすることもあるよ。この写真は、トラクターに特別の器具をつけて、あぜぬりをしているようすだ。

あぜ

7

種もみと苗
イネの発芽を調べる

「もみ」とはイネの実で、からがついた米つぶです。からをつけたまま種として保存しておいたもみが「種もみ」です。種もみが手に入ったら、育ててみましょう。

種もみ

玄米
もみがら（えい）
胚

やってみたよ

コップで苗づくり

イネの苗を、観察しやすいように、透明なプラスチックのコップで育ててみた。

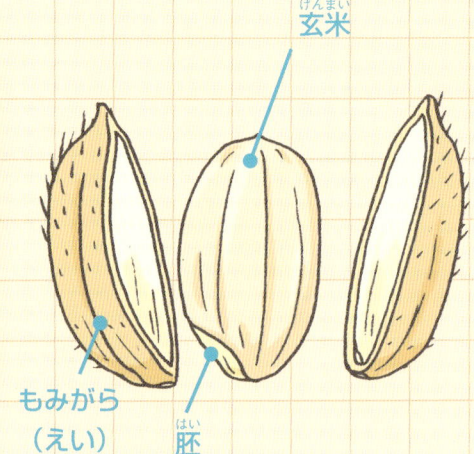

実験のしかた

❶ コップに土を入れる。園芸店で売っている黒土か培養土がよい。
❷ 水を入れる。
❸ 種もみをまく。コップ1個に2、3粒まく。

【注意】種もみが深く水につかったままだと、くさってしまうことがある。水は浅く入れ、少なくなったらつぎたして、種もみがかわかないようにする。
（種もみはインターネットなどで手に入れることができる）

コップの苗 種もみをまいたコップをベランダにならべておいた。

塩水で種もみ選び

生たまごがうくくらいの塩水をつくり（水100ccにたいし塩20gほど）、種もみを入れる。中身がよくつまっていない種もみは、塩水にうくので見わけることができる。この種もみ選びの方法を「塩水選」という。農家で広くおこなわれている方法だ。

塩水にしずむのが、いい種もみなんだ。

やってみたよ

発芽・発根の観察

コップで苗づくりをすると、ときどき、種もみを土から出して、苗が大きくなるようすを観察できる。

発芽した種もみ とんがって立っているのは葉と茎になる芽。その下側に根も出はじめている。気温が高いほど早く発芽する。4月ごろだと1週間ほどかかる。

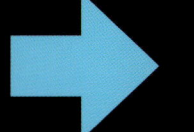

のびてきた芽と根
発芽すると、ぐんぐん大きくなっていく。根は長くのびる。

葉と根がふえる
葉の数が3～5枚にふえたら、田植えに使うことができる。

もみの観察

苗が育っている種もみをカッターナイフで切って、中身を観察した。

胚 芽と根は、この部分から出る。

胚乳

白く見えるのは胚乳という部分で、でんぷんという栄養がつまっている。この栄養を使って芽を出し、苗が育つんだ。みんながご飯として食べているのは、この胚乳の部分だよ。

田植え

そろえて苗を植える

さあ、田植えです。田植え機は泥のような土の上でも、平気。ゆっくりすすみながら、苗を植えていきます。

農家の田植え
育苗箱からとりだした苗を田植え機につみこみ、苗を植える。田植え機は、一度に6列くらい、同じ深さに苗を植えることができる。

田植え機につみこむ苗 苗は育苗箱からとりだしても、根がびっしりはっているので、四角い形がくずれない。そのまま田植え機につみこむ。

田植え機のしくみ
苗の葉が3〜5枚になったら、田植えに使うことができる。田植え機は、その苗を2、3本、つめでつまんで、根を土にさしこんで植える。

田植えする苗

苗を植えるしくみ 苗の根元をつまみ、一定の深さに植える。つめが回転することで、苗と苗の間も一定になる。

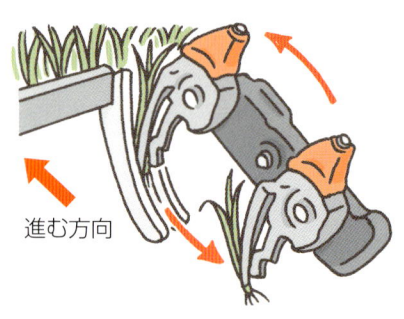

これが田植え機のつめの部分だよ。

進む方向

田植えのあと

たおれて水につかっている葉もある。だいじょうぶかなあ？

学校でも田植え

小学校の授業でも、米づくりをすることがある。そのため、校庭に小さな田がよくつくられている。

小さな田んぼでもお米ができるよ。

手植えをするときは、苗の根元をつまみ、土にさしこむ。

バケツ稲

イネはバケツでも育てることができる。苗を植えて育てることもできるし、種もみをバケツにまいて、そのまま植えかえずに育てることもできる。

種もみ
水 1cmくらい
バケツ
水を入れてどろどろにした土

11

イネの生長

イネが水田をおおう

田植えのとき、イネの苗と苗の間は、ずいぶん広くあけられていました。でも、それから2か月ほどたつと、イネの株が大きくなって広がり、水田をおおってしまいました。

田植えから1週間

小さなイネの株が、すきまをあけて、ならんでいる。

まだ小さいけれど、しっかり立っているよ。

田植えから1週間もすると、土の中に根がのびて、しっかり育ちはじめるんです。それを活着といいます。

田植えから1か月

イネはだいぶ大きくなったが、すきまから水がみえる。

田植えから2か月

大きくなったイネの株が水田をおおってしまった。

葉がびっしりと水田をおおっても、イネの細長い葉のすきまから、日光が下のほうまでさしこんでいる。

「こんなに大きくなるから、田植えのときに、すきまをあけておいたんだね。」

「葉が大きくなっただけじゃなく、茎もたくさんふえてるわ。」

「では、イネの葉や茎について、次のページでみてみよう。」

こみあいすぎると生長しない

田植えのときにあまった苗のかたまりが、水田のすみに置かれていることがある。その苗は、ほとんど大きくならずに枯れてしまった。苗がたくさん集まりすぎていると、日当たりや風通しが悪くなり、病害虫もふえるので、よく育たない。田植えのときの苗と苗のすきまは、イネが育ちやすい広さになっている。

田植えから2週間ほどたった。かたまった苗は、ほとんど大きくなっていない。

夏にイネの穂が出るころ、かたまった苗は白く枯れてしまった。

イネのからだのつくり

葉と茎と根の観察

イネの葉は細長い形で、日の光から養分をつくりだす「光合成」をおこないます。茎（稈）には空気を通す穴があります。根は同じくらいの太さのものがたくさんのびて、ひげのように見えるので「ひげ根」とよばれています。

やってみたよ

水槽でイネづくり

ガラスの水槽でイネを育てると、根のようすが観察できる。土の中の根には光があたらないほうがいいので、水槽のまわりを黒い紙でつつみ、ときどき、紙をはずして観察した。

イネの茎と根 水槽からとりだして観察。根元から茎がかたまって出ている。茎は切って断面を観察した。

茎の断面

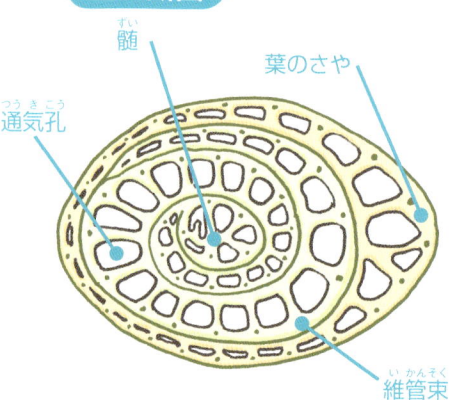

イネの茎には空気をとおす小さな穴がたくさんある。「通気孔」とよばれる。水と養分は維管束を通して送られる。

生長したイネの茎 周囲にたくさんある小さな穴は通気孔。生長すると、まん中の髄孔が大きくなり、茎は管のようになる。イネやコムギ、オオムギなどの茎の特色だ。

🌾 イネのからだ

葉 日光をうけて光合成をし、栄養をつくりだす。

穂 米がふさになってみのる。穂は1本の茎の先にひとつ出る。茎のとちゅうに穂が出ることはない。

イネの葉 すじ（葉脈）が平行にならんでいる。葉脈は水や養分の通り道だ。

茎 からだをささえるほか、水や養分の通り道になる。穂が出るまでは、葉のさや（葉鞘）につつまれている。

イネの茎は、とてもじょうぶなんだ。昔は米をとりいれたあとのわらが、いろいろな道具に使われたよ。くわしくは第5巻をみよう。

根 土から水と養分をすう。

湿地の作物

水田のような湿地でつくられている作物といえば、イネのほかに何か思いつくだろうか。畑では小麦、ジャガイモ、ニンジン、キャベツなど、いろいろな種類の作物がつくられているのに、湿地の作物はレンコン、クワイ、セリなど、種類はわずかだ。じつは湿地は地中が酸素不足になりやすくて、植物が育ちにくいところだからだ。しかし、次の点で、米づくりにはたいへん適している。

❶畑にくらべれば雑草が少ない。
❷連作障害がない。作物は同じ土地でつくりつづけると、連作障害といって、育ちが悪くなる。しかし水田は、たえず水が入れかわるなどの理由から、イネを毎年つくりつづけても連作障害がおきにくい。
❸肥料を調整しやすい。

蓮田とハスの花 花は夏にさく。

レンコンの収穫 レンコンはハス（蓮）の地下茎が太ったもの。泥の中からほりおこす。

レンコンの穴 イネやレンコンが酸素不足になりやすい湿地で育つことができるのは、茎に通気孔があるおかげ。レンコンの穴も通気孔だ。

水の上にのびる茎にも通気孔がある。

イネが大きくなるしくみ

分げつの観察

イネは、12、13ページの写真のように、根元で茎がふえて大きくなっていきます。水槽でつくった苗をぬいて、根元のようすを観察しました。

小さいときは茎が1本

茎が3、4本

茎がいっぱい

茎がふえていくだけじゃなく、太くなっているね。

根もたくさんふえたね。

枝わかれと分げつ

植物には茎から枝わかれして新しい茎をのばし、葉をしげらせていくものが多い。いっぽうイネは枝わかれする部分が短くて根元にしかない。そのため、根元からたくさん茎がわかれて、ひとつの株になる。それを「分げつ」とよんでいる。

このばあいの株とは、植物が1か所からかたまってはえているものをいう。

ナス 根元は1本の茎。それが枝わかれして、葉がふえ、実をつけていく。

イネの株の形

根元でわかれたイネの茎は、ナスのようにとちゅうで枝わかれはしないんだ。

イネのなかまの生き残り戦略

イネは根元で分げつして芽を出し、茎をふやしていく。これはススキ、シバなど、イネのなかまの植物の性質だ。

この性質があるため、イネのなかまは草原に多くはえていくことができる。草原には、ヤギ、ウシ、ウマなどの草食動物がたくさんいる。それらの動物に葉を食べられても、株の根元が残れば、分げつして生き残ることができるからだ。

草を食べるヤギ イネのなかまのシバなども、生長のさかんなところ（生長点）が根の近くにあるので、ヤギなどに葉を食べられても、またふえていくことができる。

水田の生き物さがし

水の中やあぜで

イネが育つ水田には、いろいろな生き物がいます。水の中にはオタマジャクシやタニシ、カエルなどがいます。イネの葉にはクモ、あぜにはヘビだっているかもしれません。

> 田んぼには、いろんな生き物がいるんだ。

水田の生き物

> 生き物によって住んでいる場所がちがうよ。

川や用水路の生き物
- 小魚
- フナ
- ドジョウ
- ナマズ

- ツバメ
- クモ
- チョウ
- トンボ（羽化）
- イナゴ
- カエル
- ウンカ
- ヘビ
- ゲンゴロウ
- オタマジャクシ
- アメンボ
- ミミズ
- 小魚
- ホウネンエビ
- ザリガニ
- タイコウチ
- カブトエビ
- タニシ

小さな生き物
- アメーバ
- ワムシ
- ミカヅキモ
- プレオドリナ
- ミジンコ

ツバメ 空を飛んでいる虫を食べる。このツバメは巣づくりのための泥を運んでいるところ。

トンボ 空中で虫をとらえて食べる。

ウンカ 茎や葉から汁をすってイネを弱らせたり、病気をうつしたりする害虫。

イナゴ イネの葉や茎を食べる害虫。

クモ イネの葉のあいだに巣をはっている。

アメンボ 水面に落ちた虫を食べている。

時期によって、生き物がかわるよ。ここでは、イネが育つころによくいる生き物をとりあげたよ。

カエル おもに動く虫を食べる。

オタマジャクシ オタマジャクシは、やわらかい草や藻などを食べて大きくなり、カエルになって陸にあがる。

タニシ 巻き貝の一種で、藻などを食べている。

19

水田の雑草

害になる雑草もいろいろ

水田には、人が植えたイネだけでなく、いろいろな植物がはえてきます。なかには、田の土の養分をうばったり、害虫のすみかになったりして、米づくりのじゃまになる雑草もあります。

> 水田の中やあぜなどにはえる、作物以外の草を雑草というんだ。

水田のおもな雑草

水田には、いろいろな雑草がはえる。そのうち、日本で広く生育していて、イネが育つころに土の養分をうばうなど、害が大きい雑草は、この写真の3種類だ。

ヒエ イネのなかまの植物で、すがたがイネと似ている。イネと競争して大きくなり、イネより早く実をつけて地面におとす。

> 雑草は早めにぬきとったりしてへらさないと、どんどんふえるんだ。

オモダカ 地中にいもをつくり、毎年、はえてくる。

コナギ 浮き草のホテイアオイと同じなかまだが、根を土にはる。大昔にイネの伝来といっしょに日本にやってきたとされる雑草で、水田以外の環境ではほとんど見られない。

雑草と病害虫
除草と農薬散布

　水田の雑草をそのままにしておくと、土から養分をうばい、イネの生長をさまたげます。そのため、雑草を刈りとったり、除草剤をまいたりします。
　害虫対策には殺虫剤をまきます。そうした農薬の散布を地域の共同作業でおこなっているところもあります。
　イネの病気にたいしては、広まる前に見つけて農薬をまいたり、肥料のやりかたをくふうするなどの対策をとります。

農道の除草　農道やあぜの雑草も刈りとらないと、雑草の種が水田のなかに飛んだり、害虫がふえたりする。

いもち病　夏の天気が悪くて、低温や日照不足がつづくと発生しやすい。日本でもっとも被害が大きいイネの病気で、収穫が大はばにへり、味が落ちる。

葉が紋枯病にかかったイネ　梅雨のころに気温が高いと発生しやすい。

農薬をむやみに使うと、害虫を食べる天敵までへらしてしまったり、健康に悪い影響が出たりする。

そのため、使ってよい農薬の種類や使い方が、きびしく決められているんだ。

農薬は水などでうすめて、霧吹きのような道具や機械で散布するんだって。

できるだけ農薬を使わずにイネを育てるくふうもされているよ。

広い水田の農薬散布　長いパイプの噴霧器のついた機械で農薬をまいていく。

水田がかわいた

土もひびわれ

イネが大きく育って、夏がきたころ、田の水がなくなりました。土はかわいて、ひびわれています。イネもひからびて、かれてしまうのでしょうか。

雨が少なくて、水不足になったのかなあ？

だったら、たいへん！

わざと水を入れずに、田んぼをかわかしたんだ。中干(なかぼ)しというよ。

中干しをする理由

イネは分げつして茎をふやし、真夏がくるころには大きく育っている。中干しをするのは、そのころだ。

じつは、分げつして茎がふえても、葉がしげるだけで穂をつけない茎がある。そんな茎には米がみのらないので「無効分げつ」という。

中干しはイネにとって大きなストレスだ。このストレスをきっかけに、イネは分げつして茎をふやすより、穂をつけようとしはじめる。中干しは無効分げつをおさえて、米がよくみのるようにするくふうだ。

また、中干しによって土の中に空気が入り、根が元気になる効果もある。

中干しをしても、からからにかわくのは土の表面だけで、土の中はしめっている。そのためイネがかれることはない。数日後に水を入れ、そして何度か中干しをくりかえす。

> 昔は「湿田」といって、1年中、泥水がたまっている水田もよくあった。どろどろで農作業がたいへんなうえ、米のみのりはよくなかったんだよ。

> 今の多くの水田には、水を入れる用水路があるだけではなく、水をぬくための排水パイプも通してあるのよ。25ページの「水田のしくみ」を見てね。

中干しと生き物

田が中干しされるころ、小さなカエルがたくさん見られる。田植えのころに生まれたオタマジャクシがカエルになったのだ。また、イネの茎にくっついているヤゴのからも多い。中干しされて水がなくなる前に、トンボになって飛んでいったのだ。

イネにとまっているカエル

イネの葉の上で羽化したトンボ
下についているのはヤゴのから。

> 田んぼは水があったりなかったりするところなんだ。田んぼの生き物たちは、そんな環境にあわせて生きているんだよ。

水田のしくみ

田と水のめぐり

イネが大きくなってくると、水田に水を入れずにおいて土をかわかしたり、深く水を入れたりします。そうすることで、おいしい米がたくさんみのるのです。そして、収穫するころには、すっかり水をぬいてしまいます。

そのため、今の水田は給水してかんがいするしくみだけでなく、排水のしくみもととのえて、水をためたり、かわかしたりできるようにつくられています。

🌾 イネの育ちと水の管理

田植え後 苗がしっかり根づくまでの間は、水を深くする。（深さ5cmほど）

1週間後 水を浅くすることで、土に日がよく当たってあたたまるようにする。（深さ2cmほど）

真夏がくるころ 水をぬいて中干しをする。穂が出るまで、数日おきに中干しをくりかえす。

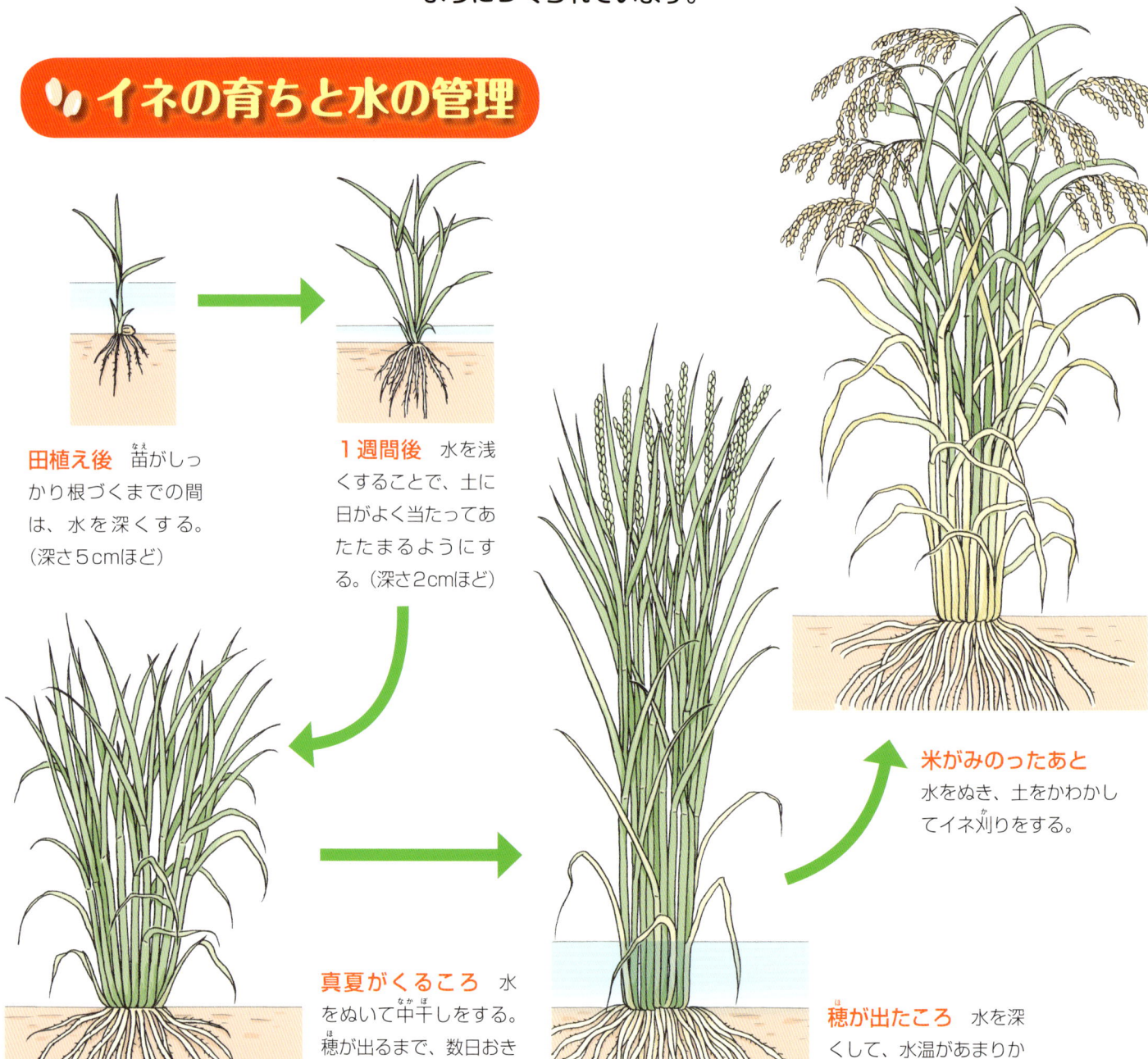

穂が出たころ 水を深くして、水温があまりかわらないようにする。

米がみのったあと 水をぬき、土をかわかしてイネ刈りをする。

水とイネ

朝早く田んぼにいってみると、葉に水滴がたくさんついていた。根からすった水が葉からしみだして、露になったのだ。

イネは、すいあげた水と、水にふくまれている養分から、自分が生長するのに必要な栄養をつくりだす。

水田と水路のしくみ

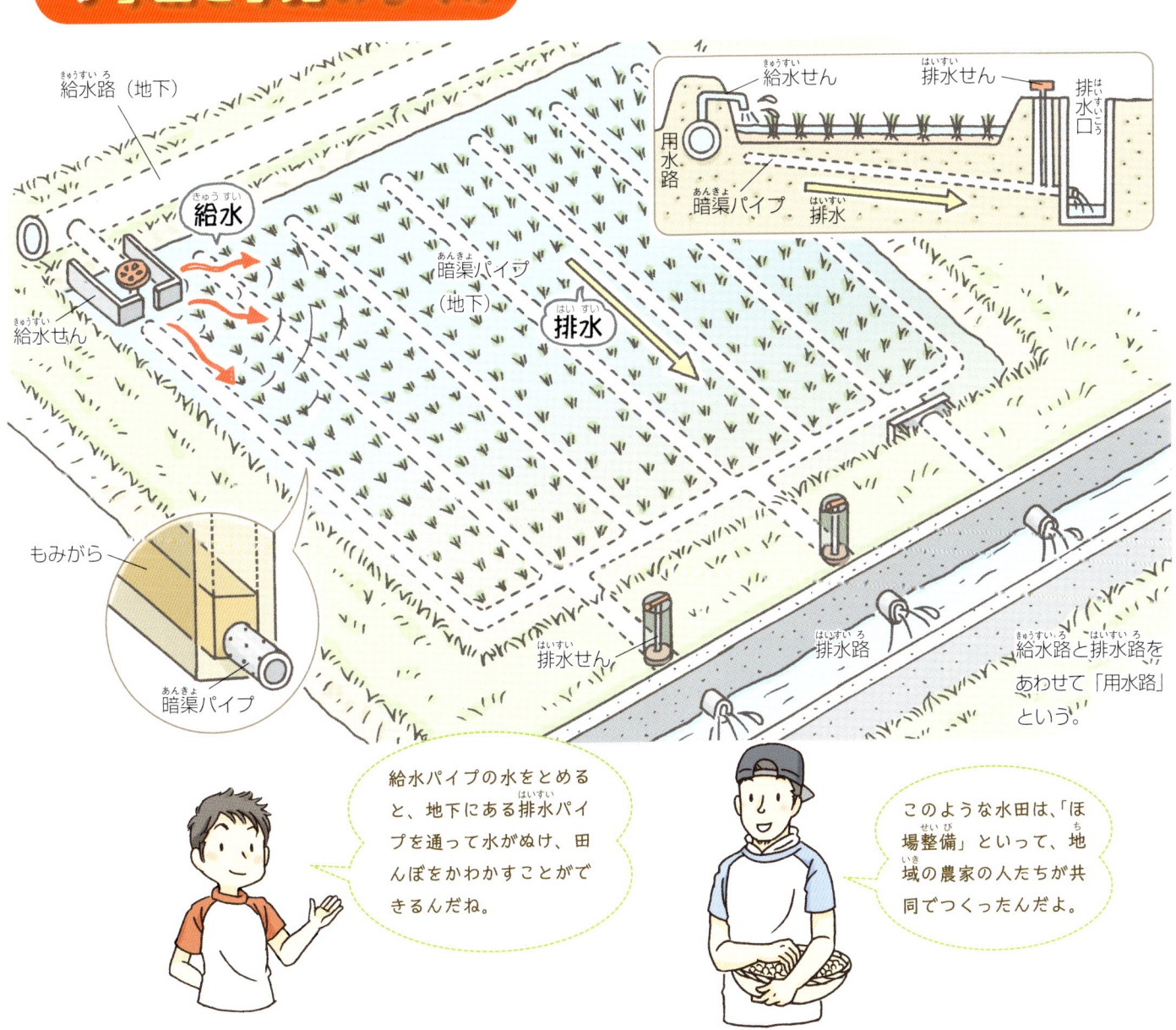

給水路（地下）
給水
給水せん
もみがら
暗渠パイプ
暗渠パイプ（地下）
排水
排水せん
排水路
給水せん
給水
用水路
排水せん
暗渠パイプ
排水
排水口

給水路と排水路をあわせて「用水路」という。

給水パイプの水をとめると、地下にある排水パイプを通って水がぬけ、田んぼをかわかすことができるんだね。

このような水田は、「ほ場整備」といって、地域の農家の人たちが共同でつくったんだよ。

穂がのびてきた

イネの出穂(しゅっすい)

　田植えから3か月ほどたつと、イネはすっかり大きくなります。そして茎(くき)に割(わ)れ目(め)ができ、平べったい米粒(こめつぶ)のようなものが見えるようになりました。穂(ほ)が出はじめたのです。出穂(しゅっすい)です。

小さな穂(ほ)が見えているよ。

穂が見えると、1日か2日のうちに葉のさやから顔を出す。そして、数日のうちに花がさき、おしべの先が白い糸のように目立ってくる。

白く見えるのは、おしべの先だよ。

イネの花の観察

イネの花は、うんと小さいうえに、花びらもない。でも、めしべやおしべは見えるよ。

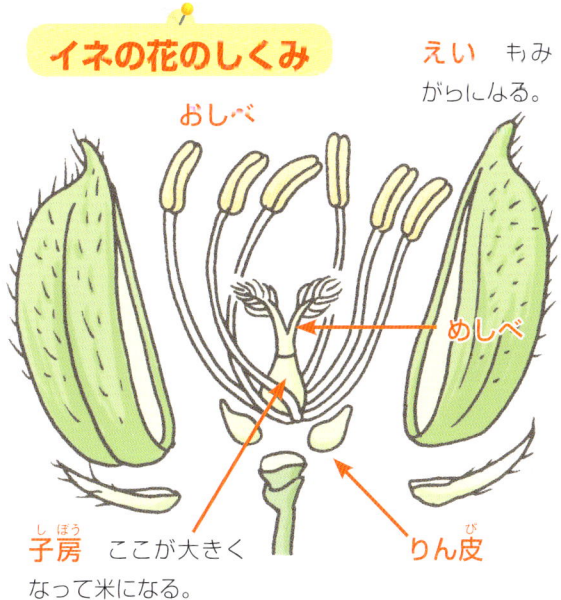

えい
めしべ
おしべ

イネの花のしくみ

えい きみがらになる。
おしべ
めしべ
子房 ここが大きくなって米になる。
りん皮

27

イネを守る

スズメや害虫がおそってくる

イネの穂に白い花が見えなくなると、いよいよ米がみのります。はじめ、穂は緑色で、つき立っていますが、だんだんもみがふくらんで重くなり、穂がたれてきます。

そのころになると、せっかくみのったもみをスズメが食べにやってきます。米をつくるには、いろいろな生き物からイネを守らなければなりません。

> 台風も心配だ。大風でイネがたおれたら、いい米がとれなくなったりするからねえ。

みのりはじめた穂

やってみたよ
もみの観察

ふくらんできたもみのもみがらをはずしてみた。中には、白い汁が入っている。白く見えるのはでんぷんという栄養素だ。でんぷんがだんだんたまって、米粒になる。

実の中に白い汁がたまっている。

害虫・害鳥がおそってくる

カメムシ 米粒に口をさして、中の汁をすいだす。スズメも汁が大好きで、穂がたれるころから水田にやってくるようになる。

スズメ

かかしを立てなくちゃ。

その他の害虫や害獣

イネに大きな被害をもたらす生き物は、いろいろいる。たとえば、ウンカはイネが育つときに茎から汁をすい、また病気を広める。イナゴは葉や穂を食べてしまう。

米がみのるころには、イノシシやサルなどの害獣が食べにくることもある。

そうした生き物の害をおさえるために、昔からいろいろなくふうがなされてきた。

イナゴ

ウンカ

電気柵とかかし 電気柵は、電線にふれると、電気が流れて害獣をおいはらう。

米がみのった

穂(ほ)が黄金色に

　田植えから4か月ほどたった秋のはじめごろ、イネの穂(ほ)がいっせいに黄色く色づきました。米がみのったのです。

> イネの穂(ほ)は、先のほうから黄色くなる。穂(ほ)が3分の2くらいまで黄色くなったら収穫(しゅうかく)するのよ。

こんないい天気がつづいてもらいたいね。

もし台風が来て、イネがたおれてしまったり、長雨がつづいたりしたら、米がいたんでしまうんだ。

遠くで機械が動いているよ。イネ刈りをはじめたんだ。

米が熟したら、なるべく早く収穫したいね。あまり長くそのままにしておくと、お米の質が悪くなるし、スズメにたくさん食べられてしまうからね。

一度に全部の田んぼのイネ刈りはできない。順々に熟すように、田んぼごとにちがう品種を植えるくふうもするんだ。

31

さあ、イネ刈りだ

米の収穫と脱穀

農家の田では、コンバインという大きな機械でイネを刈りとり、米をとりいれています。

この機械で、イネを刈りとって、脱穀するんだ。

脱穀とは、穂からもみをはずすことだよ。

運転室

アンローダー（もみをタンクから外に出すパイプ）

脱穀して、もみをタンクにためる。

イネの株を根元から刈りとる。

コンバイン
人が乗りこんでイネ刈りをする機械だ。

イネの株の根元から刈りとりながらすすむ。

わらは、こまかく切りきざみ、田にまいて肥料にする。

刈りとられたあとの株。するどい刃で切られている。

32

もみを玄米にするところに運んでいくよ。

コンバインは、脱穀したもみをタンクにためていく。タンクがいっぱいになったら、アンローダーからもみをトラックに積みかえる。

学校でもイネ刈り

コンバインのような機械がなかった昔は、鎌を使って手でイネを刈りとっていた。小学校の水田でも、のこぎり鎌でイネ刈りをしている。

腰をかがめてイネを刈るのは、たいへん。

のこぎり鎌

天日干しのイネ

手でイネを刈りとったばあいは、いったん穂を乾燥させてから脱穀するんだよ。

昔は、刈りとったイネを木にかけて干してから脱穀した。木にかけることを「はさがけ」、日に当てて干すことを「天日干し」といった。今もこの作業をやっている農家もある。

33

もみから玄米へ

もみがらをとる

収穫した米は、ライスセンターやカントリーエレベーターに運び、もみがらをとりのぞいて玄米にしてから、JA（農業協同組合）などに売りわたします。

ライスセンター 地域の農家が共同でつくっている施設で、全国各地にたくさんある。

カントリーエレベーター 米の大産地に多い大きな施設。米をもみのまま倉庫に貯蔵し、出荷する前に玄米にする。

ここでは、ライスセンターでの作業をみていくよ。カントリーエレベーターについては第4巻をみてね。

もみから玄米への流れ

もみをかわかし、玄米ともみがらに分ける。

乾燥機

収穫したもみを運んできて乾燥機に入れる。内部に熱風を吹きこみ、ひと晩くらいかけて、もみを乾燥させる。

もみすり機

もみをこすりあわせて、もみがらをとる。この作業を「もみすり」という。

34

この大きな袋には、玄米が1トン入るよ。

たくさんとれて、よかったね。

玄米

もみがらは、送風パイプで、ためておく場所に送る。

もみがらは昔、荷物のつめものなどによく使われたんだ。今でも園芸用のしきものに使われたり、焼いて炭にしたものは土をよくするので、田んぼにまかれているよ。

35

もみ・玄米・白米
ちがいを調べる

ご飯にするお米は白米といいます。もみ、玄米、白米は、どうちがうのでしょうか？

玄米 表面にぬかがついている。

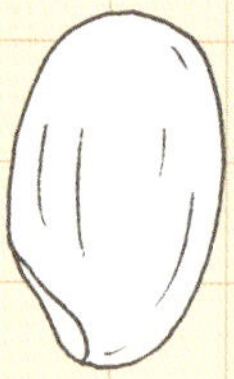

白米 胚とぬかをとりのぞいた米。

脱穀から精米まで
収穫からの流れをふりかえって、ちがいをたしかめておこう。

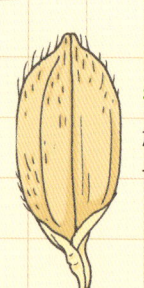

もみ もみがらをかぶっている。

胚

もみがら

イネの穂

脱穀 穂からもみをとる。

もみ

もみすり もみから、からをとる。

玄米

精米 玄米から、胚とぬかをとる。

白米

もみがら

ぬかには胚がまじっている。

ぬか

穂でも発芽する

もみは、あたたかい時期なら、いつでも発芽する。秋のイネ刈りのころの気温でも発芽しやすい。イネ刈りの前に台風におそわれたりしてイネがたおれ、穂がしめったままになると、発芽してしまうことがある。だから農家では、なるべく、たけが低くて、たおれにくい品種を選んで栽培している。

秋にみのったもみを乾燥させて、一部を種もみ用として保存し、春の苗づくりに使う。3000年も昔から、そうして毎年、米づくりがおこなわれてきたんだ。

もみを玄米にするには

もみは、機械の中でこすりあわせて、もみがらをとっている。それを「もみすり」という。少しの量なら、もみすりを手でやることができる。

ボールでもみすり

玄米ともみがらを分ける

玄米を白米にするには

玄米を白米にすることを「精米」という。精米器という機械に玄米を入れ、こすりあわせて、ぬかをとる。

手で精米するには、びんに入れて、トントンつつくと、ぬかがとれる。少しの量でも、たいへん。

びんで精米

ふるいにかけて、白米と玄米を分ける。

小型の精米機。中で玄米を回し、玄米どうしをこすりあわせて、ぬかをとる。

ぬかは、つけもののぬかづけ、家畜のえさなどに利用できるよ。ぬかの利用について、くわしくは第5巻を見てね。

やってみたよ

発芽の実験

もみ・玄米・白米をしめらせて、発芽のようすをくらべてみた。

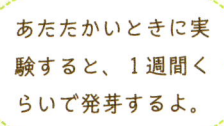

あたたかいときに実験すると、1週間くらいで発芽するよ。

もみ ほとんどが発芽した。

玄米 多くが発芽したけれど、10日くらいたつと、くさったにおいもするようになった。もみがらに守られていないためだ。

白米 まったく発芽せず、くさったにおいがしてくる。

もみは、もみがらが守ってくれてるから、いたまないんだ。

白米は、ぬかといっしょに、胚もとれてしまっている。だから、白米は発芽しないんだ。

37

また田が緑に

ひこばえが出る

イネ刈りのあと、1週間くらいたつと、切り株から芽が出てきました。

そして、1か月くらいすると、また、田は緑におおわれました。イネの株から芽が出て、葉がのびてきたのです。

> また田植えのあとにもどったみたいだ。

> このように、切ったあとから新しい芽が出てくることを「ひこばえ」というんだ。

こぼれたもみから苗が芽生えることもある。

イネ刈りのときに切られた古い茎は枯れていく。

新しく出てきた芽。

やってみたよ
ひこばえの観察

ひこばえが出た株をほりとって、観察した。新しい芽は、切られた茎から出るのではなく、根元から新しく出ている。16ページで見た「分げつ」と同じしくみで、茎がふえているんだ。

ひこばえの穂　ひこばえの株にも穂が出てきて、米がみのる。しかし、質が悪いので、食用にはむかない。牛や馬などの飼料にはなるが、手間をかけてまで収穫する農家は少ない。

しもにおおわれたイネ　冬がくると、イネは枯れてしまう。

イネは、刈りとられても、何度でも芽を出す。でも、寒さに弱いので、冬をこすことはできないんだ。

39

冬から春へ

また春がくる

　冬のようすは、土地によって大きくことなります。深い雪につつまれるところもあれば、冬でも作物が育つところもあります。

庄内平野の冬
日本の米どころのひとつ、山形県の庄内平野は、冬のあいだ、雪におおわれる。しかし、春になると、雪がとけだして、水田をうるおす。

> 田んぼの土は、雪の下で、ゆっくり休んでいるんだよ。

雪どけ水が流れる庄内平野の川　冬に山につもった雪が、春になるとさかんにとけだす。

> 山の森から流れてくる水には、いろいろな養分がふくまれているのよ。その水が田んぼをうるおし、たまったごみを流しさってくれるから、イネの連作障害がおこりにくくなるのよ。

二毛作をしている田

同じ田んぼで、夏には米、冬には別の作物をつくることを二毛作というんだ。

これは小麦をつくっている田んぼなんだ。水は入れてないね。

千葉県佐倉市

田んぼで田植えをするころ、小麦がみのるんだ。

今は冬に何もつくっていない田んぼが多いけれど、昔はよく冬に麦をつくっていたものだよ。

春になって穂を出した小麦

山形県の庄内平野

千葉県佐倉市

もっとくわしく知りたい人へ

おすすめのサイト

●**くぼたのたんぼ**　http://www.tanbo-kubota.co.jp/
水田のしくみや、イネの育ち方などをくわしく解説。

●**お米のよくある質問集**
http://www.naro.affrc.go.jp/laboratory/tarc/rice_faq/
米づくり、イネの病気や害虫、品種改良のしかたなどを解説。東北農業研究センターのサイト。

●**バケツ稲づくりに役立つ資料**
https://life.ja-group.jp/education/bucket/document/
バケツ稲の育て方を、作業や生長の段階ごとにくわしく解説。JAのサイト。

●**おしえてミツハシくん！**　http://www.3284rice.com/fun/chishiki/
イネの種類や生長のようす、ブランド米の味の特長などをコンパクトに解説。

おすすめの見学先

●**宇和米博物館**
愛媛県西予市宇和町卯之町2-24　http://komehaku.jp
木造の小学校校舎をいかした館内に、約80種類の稲の実物標本や、宇和地方で使われていた農耕具が展示されている。

おすすめの本

●**やまもとたかかず編・もとくにこ絵『イネの絵本　そだててあそぼう』農山漁村文化協会**
イネの育て方、バケツ稲のつくり方、米料理のいろいろなどを紹介。

●**西村豊文・写真『ごたっ子の田んぼ』アリス館**
長野県の小学校を舞台に、5年生が一年を通じて米づくりに取り組むようすを追った写真絵本。

※ここで紹介しているURLは変わることがあります。キーワードを参考にして検索し、自分の知りたいページを見つけましょう。

よくわかる米の事典

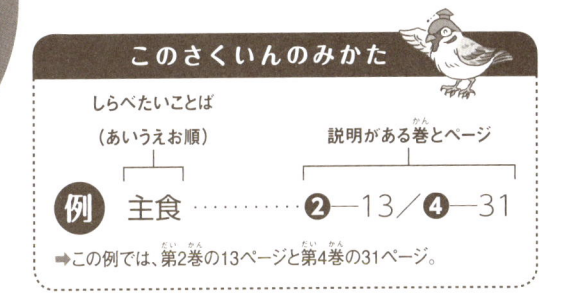

全巻さくいん

このさくいんのみかた

しらべたいことば（あいうえお順） ── 説明がある巻とページ

例　主食 ………… ❷─13／❹─31

→この例では、第2巻の13ページと第4巻の31ページ。

あ

アイガモ農法	❺─28
赤トンボ	❺─10
赤米	❷─37
あきたこまち	❹─9
上げ舟	❸─27
アジア	❹─30, 31
アジアモンスーン地域	❹─31, 33
足踏み式脱穀機	❸─33
小豆がゆ	❷─9
あぜ	❶─7
甘酒	❷─28, 29
アメリカ	❹─30, 32, 33
あられ	❷─24, 25／❹─38
アルファ(α)化	❷─15
アルファ米	❹─38
暗渠	❶─25
維管束	❶─14
生き物ブランド米	❺─29
育苗箱	❶─7, 10
石包丁	❸─7
板付遺跡	❸─5
一汁三菜	❷─13
イナゴ	❶─19, 29／❸─24
稲作農家の数	❹─11
イネ刈り	❶─32
イネの葉	❶─14, 15
イネの花	❶─27
いもち病	❶─21
インディカ米	❷─30, 36, 37／❹─31
インド	❹─30, 32, 33
インドネシア	❹─30, 32
うす	❷─19
うるち米	❷─16, 17, 24, 25, 27, 28／❹─21
ウンカ	❶─19, 29／❸─24／❺─11
えい	❶─8, 27
越後平野	❹─8
江戸前ずし	❷─7
MA	❹─16, 32
塩害	❺─25
塩水選	❶─8／❸─32
おいしい米	❷─38, ❸─36／❹─8, 9
大蔵永常	❸─26
おかき	❷─24, 25
おかゆ	❷─21, 33
おじや	❷─21
お供え	❷─10
お茶づけ	❷─21
おにぎらず	❷─39
おにぎり	❷─18, 39
おはぎ	❷─9〜11, 27
お彼岸	❷─8〜11
お盆	❷─10
オモダカ	❶─20

か

外食	❹─26
害虫	❶─21, 29
海流	❹─6
カエル	❶─19／❺─11
化学肥料	❸─33, 36, 37／❹─20
かかし	❶─29
鏡餅	❷─8
刀狩	❸─16
学校給食	❹─27
活着	❶─12
歌舞伎	❺─23
カブトエビ農法	❺─29
鎌	❶─33／❸─12, 19, 39
紙マルチ農法	❺─27
亀の尾	❸─33
カメムシ	❶─29
唐子・鍵遺跡	❸─5
刈り入れ	❸─7, 19, 38
→「イネ刈り」「収穫」も見よう
刈敷	❸─13
カロリー自給率	❹─34, 39
稈	❶─14
かんがい	❶─24／❸─8, 9, 22

慣行栽培 …………❹―20	コイ農法 …………❺―28	米の加工品 ………❹―38
韓国 ……………❷―36／❹―30	合 …………………❺―40	米の消費量 ……❸―30, 31, 34, 35／❹―12, 28, 29
関税 ………………❹―32	高温障害 ………❸―37／❺―30	米の食味ランキング ……… ❷―38／❹―9
乾燥 ……………❹―14, 15	光合成 ……………❶―14	米の生産費 ………❹―23
環太平洋パートナーシップ…… ❹―32 →「TPP」も見よう	耕作放棄地 ………❹―37	米の生産量(世界) ……❹―30
	コウジ菌 ………❷―28, 29	米の生産量(都道府県別) …… ❹―8, 9
干拓 ………………❸―23	洪水 ……………❸―27／❺―6, 24	
乾田 ………………❸―32	公地公民 …………❸―10	米の生産量(変化) …❸―30, 31, 34, 35／❹―28
カントリーエレベーター …… ❶―34／❹―14, 15	糊化 ………………❷―15	
	石 ………………❸―17／❺―40	米の伝来 …………❸―4
ききん ……❸―24, 25, 31	石高 ………………❸―17	米の値段 …………❹―22
季節風 ……………❹―6	穀物 ……❷―18, 19／❹―35	米ピューレ ………❷―40
牛耕 ………………❸―12	穀物自給率 ………❹―34	米みそ ……………❷―29
給水路 ……………❶―25	小作人 ……………❸―28	米袋 …………❹―20, 21
厩肥 …………❸―12, 21	コシヒカリ …❸―36／❹―4, 9, 20, 22	米屋 ……❹―16, 18, 19
郷土料理 …………❷―6		墾田永年私財法 …❸―11
京枡 ………………❸―16	小正月 ……………❷―8, 9	コンバイン ❶―32／❸―39
きらら397 …………❸―36	五大栄養素 …❷―12, 13	
茎(稈) …………❶―14, 15	古代米 ……………❷―37	## さ
クッパ ……………❷―33	こどもの日 ………❷―10	
口分田 ……………❸―10	コナギ ……………❶―20	災害 ……❸―24, 25／❺―4, 6, 24
くまさんの力 ……❹―9	小麦 …………❷―18, 19／ ❹―29, 33～35	
久米田池 …………❸―8		最北の水田 ………❸―29
クモ …………❶―19／❺―11	米あまり ………❸―35, 36	さがびより …………❹―9
グリーン・ツーリズム・❹―40	米油 …………❺―18, 19	作付面積 …………❹―10
黒米 ………………❷―37	米ゲル …………❷―40, 41	雑穀米 ……………❷―17
鍬 ……❸―6, 18, 32, 38	米粉 ………………❷―40	雑草 ………………❶―20
元気つくし ………❹―9	米こうじ ………❷―28, 29	佐藤信淵 …………❸―26
兼業農家 …………❹―11	米粉パン …………❷―40	里地 …………❺―14, 15
減反(政策) …❸―34, 35／ ❹―22, 28	米酢 ………………❷―28	里山 …………❺―14, 15
	米騒動 ……………❸―31	産地直送販売 ……❹―17
検地 ………………❸―16	米づくりの北上 …❸―29	産地直売所 ……❹―24, 25
玄米 ・❶―34, 36, 37／❷― 17, 19／❹―14, 15, 19	米店 …………❹―17, 24	GPS ………………❺―26
	米トレーサビリティ法・❹―21	JA ……………❹―14, 16, 17
コイ ……………❺―12, 28	米の買い方 ………❹―24	

自家消費 …………… ❹―12	水田のしくみ ……… ❶―25	堆肥 …… ❸―21／❹―20／
直まき栽培 ………… ❺―27	水田率 ……………… ❹―36	❺―15
脂質 …………… ❷―12, 13	鋤, 犂 ………… ❸―6, 12,	台風 ………………… ❹―5
自主流通米 ❸―36／❹―22	18, 32, 38	田植え ……… ❶―10／❸―18,
湿田 ………………… ❸―32	すし … ❷―22, 23／❹―27	38, 39／❺―21
地主 ………………… ❸―28	相撲 ………………… ❺―23	田植え機 ❶―10／❸―35, 39
しめ飾り …………… ❺―16	生産調整 ……… ❸―34, 35／	田植えロボット ……… ❺―26
下肥 ………………… ❸―21	❹―22, 28	田打車 …………… ❸―33, 38
ジャポニカ米 …… ❷―36, 37	生態系 …………… ❺―10, 11	田起こし …………… ❶―4／
収穫 ……… ❶―32／❹―14	生長点 ……………… ❶―17	❸―18, 38, 39
主食 ……… ❷―13／❹―31	政府備蓄米 ………… ❹―16	高床倉庫 …………… ❸―7
出荷 ……………… ❹―14, 15	政府米 ……………… ❹―16	たきこみご飯 ……… ❷―20
出穂 ………………… ❶―26	製粉 ………………… ❷―19	炊き干し …………… ❸―40
升 …………………… ❺―40	精米 … ❷―19／❸―19, 38,	たたみ ……………… ❺―17
荘園 …………… ❸―11, 12	39／❹―19, 21	脱穀 ……… ❶―32／❸―19,
正月 ………………… ❷―8	世界かんがい施設遺産 … ❸―8	38, 39／❹―14
蒸散 ………………… ❺―8	世界農業遺産 ❹―37／❺―29	棚田 …… ❸―15／❹―4, 31
上新粉 ……………… ❷―27	赤飯 …………… ❷―10, 16	種もみ ………………❶―7, 8
庄内平野 …………❹―5, 7	雪中田植え ………… ❺―20	ため池 …… ❸―8／❹―7
食物連鎖 …………… ❺―11	節分 ………………… ❷―8, 9	垂柳遺跡 …………… ❸―5
食糧管理制度 ……… ❸―31／	専業農家 …………… ❹―11	たわら ……………… ❺―17
❹―22	仙台平野 …………… ❹―5	反 …………………… ❺―41
食料自給率 ……… ❹―32～34	千歯こき ………… ❸―19, 38	だんご …… ❷―10, 11, 26,
食料自給力 ………… ❹―40	せんべい ……… ❷―24, 25／	27／❹―38
食料・農業・農村基本法 ……	❹―38	炭水化物 ………… ❷―12, 13
❸―35	倉庫 …… ❸―7／❹―14, 16	たんぱく質 ……… ❷―12, 13
食糧法 …… ❸―35／❹―22	雑炊 ………………… ❷―21	田んぼの学校 ……… ❺―33
除草 ………………… ❶―21	雑煮 ………………… ❷―8	地球温暖化 ❸―37／❺―30
白玉粉 ……………… ❷―27	租・庸・調・雑徭 …… ❸―11	地産地消 …………… ❹―25
飼料用米 …………… ❹―39		地租改正 …………… ❸―28
代かき ❶―6／❸―38, 39	**た**	中国 …… ❷―36／❸―4／
信玄堤 ……………… ❸―15	田遊び ……………… ❺―20	❹―30, 32
新田開発 …………… ❸―22	タイ ❷―36／❹―30, 31, 33	直売所 ……………… ❹―17
酢 …………………… ❷―28	大規模農家 ………… ❹―40	貯蔵 ………………… ❹―15
水車 … ❷―19／❸―12, 19	太閤検地 …………… ❸―16	ちらしずし ………… ❷―22

45

つけもの ❷—4	中食 ❹—26	排水路 ❶—25
津波 ❹—5／❺—25	中干し ❶—22, 23	胚乳 ❶—9
坪 ❺—41	中山久蔵 ❸—29	はえぬき ❹—9
つや姫 ❷—38／❹—9, 20	ナシゴレン ❷—33	パエリア ❷—35
梅雨 ❹—7	七草がゆ ❷—8	羽釜 ❸—40
TPP ❹—16, 32, 33	ななつぼし ❹—9	白米 ❶—36, 37／
低グルテリン米 ❹—38	菜畑遺跡 ❸—5	❷—16, 17／❸—40
手植え ❶—11	生春巻き ❷—33	バケツ稲 ❶—11
手こねずし ❷—7	なれずし ❷—22, 23	馬耕 ❸—32
鉄製農具 ❸—8	苗代 ❶—7／❸—18, 38	はさがけ ❶—33／❸—19
田楽 ❸—14／❺—23	新嘗祭 ❺—22	発芽 ❶—8, 9, 36, 37
電気柵 ❶—29	二期作 ❹—5	発芽玄米 ❷—17
転作 ❹—10	にぎりずし ❷—22	発酵 ❷—22, 23, 28, 29
天日干し ❶—33／❸—19	日照 ❹—7	ばってら ❷—7
でんぷん ❶—9, 29／	日本酒 ❷—28, 29／	花田植え ❺—21
❷—12, 13, 15, 27, 28	❹—38	バングラデシュ ❹—30, 32
斗 ❺—40	二毛作 ❶—41／❸—12	班田収授 ❸—10
東南アジア ❹—31	ぬか ❷—19／❺—18, 19	ビーフン ❷—27, 32
唐箕 ❸—19, 38	ぬかづけ ❺—18	ヒエ ❶—20／❷—17
とうもろこし ❹—33〜35	根 ❶—14, 15	東日本大震災 ❹—5／
トキ ❺—29	能 ❺—23	❺—25
とぎ汁 ❺—19	農業基本法 ❸—34	ひげ根 ❶—14
特A(米) ❷—38／❹—9	農業協同組合(農協)	ひこばえ ❶—38, 39
特別栽培米 ❹—20	❹—14, 16, 17, 24, 25, 40	ビタミン ❷—12, 13
土砂崩れ ❺—5, 6	農業試験場 ❹—39	備中鍬 ❸—18
トラクター ❶—5／❸—35, 39	農産物直売所 ❹—25, 40	ひとめぼれ ❹—9
トレーサビリティ ❹—21	農地改革 ❸—34	ひなあられ ❷—9
登呂遺跡 ❸—5〜7	農地法 ❸—34	ひなまつり ❷—8, 9
屯田兵 ❸—29	農薬 ❸—33, 34／	ビニールハウス ❶—7／
どんど焼き ❷—9	❹—20／❺—28, 29	❸—39
どんぶり ❷—21	のこぎり鎌 ❶—33	ヒノヒカリ ❹—9
		ビビンバ ❷—32, 33
な	**は**	姫飯 ❸—40
		俵 ❺—40
苗 ❶—7〜11	胚 ❶—8, 9	病害虫 ❶—21
	胚芽米 ❷—17	

ピラフ ……………… ❷―35	ミニマムアクセス ………… ❹―16, 32	有機米 ……………… ❹―20
品種改良 ……… ❸―33, 36／❹―22	ミネラル ………… ❷―12, 13	輸出 ……………… ❹―32, 33
フィリピン ……… ❹―30, 32	みの ……………… ❺―16	輸入 ……………… ❹―32, 33
不耕起栽培 ………… ❺―27	宮崎安貞 …………… ❸―26	ゆめぴりか ……… ❷―38／❸―36／❹―9, 20
武士 …………… ❸―12, 13	苗字(名字) ❸―13／❺―37	用水路 ……… ❶―25／❸―7
ふすま …………… ❷―19	みりん ……… ❷―28／❹―38	ヨモギ …………… ❺―13
フナ ……………… ❺―12	民間流通米 ………… ❹―16	**ら**
ブラジル ………… ❹―30, 32	無機質 …………… ❷―13	ライスセンター …… ❶―34／❹―14, 15
ブランド米 ………… ❹―20	麦とろご飯 ………… ❷―7	
ふるい …………… ❷―19	無形文化遺産 ……… ❷―4	
分げつ ……… ❶―16, 17	虫送り …………… ❺―21	ライスペーパー … ❷―32, 33
米飯給食 …………… ❹―27	むしろ …………… ❺―17	ライスミルク ……… ❷―40／❹―38
平野 ………… ❹―4, 6, 7	無洗米 …………… ❷―17	
ベータ(β)でんぷん … ❷―15	銘柄米 ……… ❹―20, 29	リゾット …………… ❷―35
ベトナム ……… ❹―30～33	もち ……… ❷―8, 16, 24, 25／❹―27	律令制 …………… ❸―10
弁当 ……… ❹―26／27		冷害 … ❸―24～29, 33～35
穂 ……………… ❶―26～30	もちがし ………… ❷―26	レトルトご飯 ……… ❹―38
貿易の自由化 ……… ❹―32	もち米 ❷―10, 16, 17, 24, 26～28, 37／❹―21	連作障害 ……… ❶―15, 40
保温折衷苗代 ……… ❸―33		老農 …………… ❸―32
ぼたもち ……… ❷―9, 26, 27	もちつき …………… ❷―11	6次産業化 ……… ❹―40, 41
ま	もみ ……… ❶―34, 36, 37／❹―14, 15	**わ**
巻きずし …………… ❷―22	もみがら ……… ❶―8, 35／❹―15／❺―19	輪中 ……………… ❸―27
まぐわ …………… ❸―32		和食 ……………… ❷―4
マコモ …………… ❷―10	もみすり ……… ❶―34／❸―19, 38, 39／❹―15	わらとその利用 …… ❸―20, 21／❺―16, 17
ますずし …………… ❷―7		
まぜご飯 …………… ❷―20	森のくまさん ……… ❷―38／❸―37／❹―9	
水の管理 …………… ❶―24		
水屋 …………… ❸―27	紋枯病 …………… ❶―21	
みそ ……… ❷―4／❹―38／❺―13	**や**	
みそ汁 …………… ❷―4	やませ …………… ❹―6	
水口 ……………… ❶―5	有機栽培米 ………… ❹―20	
	有機JASマーク ……… ❹―20	

- 監修　**稲垣栄洋**（いながき　ひでひろ）
  1968年、静岡市生まれ。岡山大学大学院修了後、農林水産省、静岡県職員を経て、現在、静岡大学農学部教授。農学博士。
  おもな著書に『田んぼの教室』（家の光協会）、『田んぼの営みと恵み』（創森社）、『田んぼの生き物誌』（創森社）、『身近な雑草の愉快な生き方』（ちくま文庫）などがある。

- 指導　**谷本雄治**（たにもと　ゆうじ）
  1953年、名古屋市生まれ。新聞記者の仕事のかたわら、「プチ生物研究家」として、身近な虫や生物の観察にいそしむ。おもな著書に『お米の魅力つたえたい！』（文溪堂）、『ぼくは農家のファーブルだ』（岩崎書店）、『ぴよぴよの農業たんけん』（小峰書店）などがある。

- イラスト　……………　川野郁代
- 撮影　………………　松井寛泰
- デザイン　…………　倉科明敏［T.デザイン室］
- DTP　………………　栗本順史［明昌堂］
- 企画・編集　………　伊藤素樹・渡邊航［小峰書店］／大角修・佐藤修久［地人館］
- 校正　………………　鷹羽五月
- 協力　………………　板橋三枝子／有坂農場／生谷農苑食環組合／荒川区立第三日暮里小学校
- 写真提供　…………　鳥取県農業試験場／ピクスタ

主な参考文献

堀江武『新版　作物栽培の基礎』（農山漁村文化協会）／星川清親『解剖図説 イネの生長』（農山漁村文化協会）／古島敏雄『日本農業史』（岩波書店）／農山漁村文化協会編『稲作大百科（全5巻）』（農山漁村文化協会）／稲垣栄洋『田んぼの営みと恵み』（創森社）／同『田んぼの生きもの誌』（同）／小泉光久『農業の発明発見物語1　米の物語』（大月書店）／石谷孝佑編『新版　米の事典―稲作からゲノムまで』（幸書房）／丸山清明監修『ゼロから理解する コメの基本』（誠文堂新光社）／根本博編著『日本の米づくり（全4巻）』（岩崎書店）／安室知『田んぼの不思議』（小峰書店）／角田公正ほか編修『作物』（実教出版）

よくわかる米の事典❶
米を育てる

NDC616　47p　29cm

2016年4月8日　第1刷発行　　2019年9月10日　第3刷発行		
監　修	稲垣栄洋	
指　導	谷本雄治	
発行者	小峰広一郎	
発行所	株式会社小峰書店　〒162-0066 東京都新宿区市谷台町 4-15	
	電話／03-3357-3521　FAX／03-3357-1027　https://www.komineshoten.co.jp/	
組　版	株式会社明昌堂	
印　刷	株式会社三秀舎	
製　本	小髙製本工業株式会社	

©2016　Komineshoten Printed in Japan　　　　　　　　　　　　　　ISBN978-4-338-30201-2
乱丁・落丁本はお取り替えいたします。
本書のコピー、スキャン、デジタル化等の無断複製は著作権法上での例外を除き禁じられています。
本書を代行業者等の第三者に依頼してスキャンやデジタル化をすることは、たとえ個人や家庭内の利用であっても一切認められておりません。